WHO WOULD WIN?

누가 이길까?

최강전

공포의 작은 상어 편

또 하나의 대결 익룡 편

비룡소

이해 쏙쏙! 코너 일러두기

핵심 정보: 꼭 알아야 하는 동물 필수 정보를 담았어요.

기본기 다지기: 동물 정보를 익히려면 알아 두어야 하는 기초 지식을 배워요.

놀라운 사실!: 동물의 놀라운 크기, 무게, 능력 등을 소개해요.

요건 몰랐지?: 이것까지 알면 동물 천재! 동물 척척박사가 되는 정보를 알려 주어요.

깜짝 질문: 동물 공부가 더 재밌어지는 기상천외한 질문이 등장해요.

WHO WOULD WIN?

누가 이길까?

제리 팔로타 글 · 롭 볼스터 그림 | 송지혜 옮김

최강전

공포의 작은 상어 편

비룡소

몸집은 작아도 용맹함은 최고인 상어 열여섯 마리가 최강을 가리려고 모였어. 상어들은 대진표에 따라 일대일로 싸울 거야. 패자는 바로 탈락! 과연 최후의 승자는 누가 될까?

1라운드

대결 1 · 7쪽

난쟁이투명상어

VS

검목상어

대결 2 · 9쪽

곱상어

VS

전자리상어

대결 3 · 11쪽

고깔머리귀상어

VS

얼룩말상어

대결 4 · 13쪽

줄무늬두툽상어

VS

수염상어

2라운드

대결 1
23쪽

대결 2
25쪽

3라운드

대결 1
31쪽

3라운드	2라운드	1라운드
대결 2 · 33쪽	대결 3 · 27쪽	대결 5 · 15쪽: 검은코상어 VS 대서양수염상어
		대결 6 · 17쪽: 스피너상어 VS 주름상어
	대결 4 · 29쪽	대결 7 · 19쪽: 강남상어 VS 견장상어
		대결 8 · 21쪽: 복상어 VS 은상어

대결 5 · 15쪽

검은코상어

VS

대서양수염상어

대결 6 · 17쪽

스피너상어

VS

주름상어

대결 7 · 19쪽

강남상어

VS

견장상어

대결 8 · 21쪽

복상어

VS

은상어

대결 3
27쪽

대결 4
29쪽

대결 2
33쪽

승

작다고 얕보지 마라! 거친 바닷속에서 펼쳐지는
작은 상어들의 강렬한 한판 승부!
과연 최강의 자리를 차지할 주인공은 누구인가?

크고 무시무시한 상어 이야기는 너무 많이 들어서 질렸어! 이번엔 몸집이 작은 상어들이 대결을 펼칠 거야. 무섭기는 마찬가지일걸! 자자, 너무 겁먹진 말고 대결을 한번 지켜보자. 첫 번째 대결은 이름부터 크기를 알 것만 같은 난쟁이투명상어와 목에 검은 띠가 있는 검목상어의 대결이야.

핵심 정보

난쟁이투명상어는 적이 나타났을 때 피부를 투명하게 만들어서 몸이 안 보이게 해.

난쟁이투명상어는 세계에서 가장 작은 상어야. 다 자라도 고작 20센티미터 정도밖에 안 된대. 깊고 컴컴한 바다에 살고, 어둠 속에서 반짝반짝 빛을 내지.

라운드 1

난쟁이투명상어 VS 검목상어

대결 1

검목상어는 다른 물고기나 바다 동물들의 살점을 쿠키 모양으로 동그랗게 뜯어 먹어. 몸길이는 약 45센티미터밖에 되지 않아.

놀라운 사실!

오늘날 세계에서 가장 큰 상어는 고래상어야. 몸길이가 12~18미터나 되지. 검목상어보다 약 30배가 더 긴 거야. 엄청나지?

검목상어가 빛나는 난쟁이투명상어를 향해 헤엄쳐 갔어. 그러더니 몸통의 살점을 콱 물어뜯어서 동그란 구멍을 내버렸지 뭐야. 너무한데!

핵심 정보

검목상어는 이빨 하나가 상하면 이빨 한 줄 전체를 한꺼번에 새로 바꿔.

검목상어는 난쟁이투명상어의 살점을 계속 계속 뜯어 먹었어.
아야야야, 난쟁이투명상어는 점점 더 피를 많이 흘렸지. 이제 그만! 더 이상 버티기 힘들어진 난쟁이투명상어는 결국 싸움을 포기하고 말았어.

검목상어 승리!

곧바로 두 번째 대결이 시작됐어. 이번엔 특별한 무기를 가진 곱상어와 전자리상어가 맞붙어! 곱상어는 두 개의 등지느러미 앞부분에 날카로운 가시가 하나씩 있어.

기본기 다지기

'등지느러미'는 물고기 등에 큰 세모 모양으로 붙어 있는 지느러미야.

라운드 1

곱상어 VS 전자리상어

대결 2

전자리상어는 머리와 몸이 납작하고 폭이 넓어. 눈은 머리 위쪽에 달려 있지. 크고 넓은 지느러미 때문에 사람들은 종종 가오리로 착각하기도 해.

요건 몰랐지?

상어의 몸은 단단한 뼈 대신 연골로 이루어져 있어. 연골은 단단하지 않고 잘 휘어지는 무른 뼈야. 사람은 코끝과 귀에 연골이 있지!

꼭꼭 숨어라, 지느러미 보일라! 전자리상어는 모래 바닥에 숨어 있는 걸 좋아해. 그러다 주변에 먹음직스러운 물고기나 게, 바닷가재가 지나가면 모래 먼지를 일으켜서 먹잇감의 눈앞을 어지럽히지.

핵심 정보

두 상어의 몸길이를 비교해 보자!
곱상어는 약 130센티미터, 전자리상어는
약 180센티미터까지 자라.

하지만 곱상어는 모래 먼지 따위에 속지 않아. 오히려 여유롭게 전자리상어 위로 헤엄쳐 가더니, 단숨에 돌진해서 공격했지! 깜짝 놀란 전자리상어는 모랫바닥에서 튀어 올라 후다닥 도망쳤어. 이제 두 상어의 숨 막히는 추격전이 시작됐어! 곱상어는 점점 거리를 좁혔고, 마침내 전자리상어를 따라잡았어. 그리고 콱 물고는 놓아주지 않았지. 전자리상어는 그렇게 최후를 맞이했어.

곱상어 승리!

세 번째 대결에 나오는 녀석은 고깔머리귀상어야. 보통 귀상어는 머리가 망치처럼 생겨서 망치상어라고 불리는데, 이 녀석은 머리 모양이 둥근삽처럼 생겼어.

기본기 다지기

상어는 꼬리지느러미가 세로로 세워져 있어.

요건 몰랐지?

돌고래의 꼬리는 가로로 누워 있지!

라운드 1

고깔머리귀상어 VS 얼룩말상어

대결 3

고깔머리귀상어는 얼룩말상어랑 대결할 거야. 얼룩말상어는 제브라상어로도 불려. 이 녀석은 자라면서 몸의 무늬가 바뀌어. 새끼 때는 얼룩말 같은 줄무늬가 있는데, 크면서 점점 점무늬로 변해.

기본기 다지기

물고기는 대부분 앞뒤로 헤엄칠 수 있어. 그런데 상어는 앞으로만 헤엄칠 수 있대!

성격이 온순한 얼룩말상어는 날쌘 고깔머리귀상어의 상대가 되지 않아. 빙글! 고깔머리귀상어가 재빨리 몸을 돌려서 얼룩말상어의 머리를 콱 물었어! 얼룩말상어는 몸부림쳤지만, 그럴수록 더 깊게 파고드는 상대의 이빨에 결국 쓰러지고 말았단다.

기본기 다지기

상어의 피부는 무척 거칠거칠해. 작은 이빨처럼 생긴 비늘이 피부를 덮고 있거든.

고깔머리귀상어 승리!

고깔머리귀상어가 2라운드로 진출했어. 귀상어 친구들이 무척 자랑스러워하겠는걸.

줄무늬두툽상어는 얕은 해안가부터 깊은 바다까지 헤엄쳐 다녀. 해변에서 헤엄치다가 사람을 만나도 공격하지 않는 온순한 상어지. 그런데 반전이 있어. 글쎄, 이 온순한 상어가 사나운 백상아리랑 친척이래!

핵심 정보

줄무늬두툽상어는 많은 시간을 바닷속 동굴이나 바위틈에 숨어서 보내.

라운드 1

줄무늬두툽상어 VS 수염상어

대결 4

수염상어는 입 주변에 수염처럼 돌기가 나 있어. 몸의 무늬는 바다 밑바닥처럼 보여서 먹잇감이나 적을 속일 수 있지. 수염상어는 얕은 바다의 아래에서 가만히 있는 걸 좋아해. 그러다 작은 물고기가 주변을 지나가면 덥석 잡아먹어.

요건 몰랐지?

바하마에서는 바다에서 수염상어랑 헤엄치는 특별한 체험을 할 수 있대.

줄무늬두툽상어가 수염상어를 향해 힘차게 헤엄쳐 갔어. 두 상어는 서로를 물고 뜯으며 격렬하게 싸우기 시작했지. 여기 물고, 저기 물고! 물결이 소용돌이치며 싸움은 점점 더 거칠어졌어. 그러다 줄무늬두툽상어가 입을 크게 벌리고 꽉!

핵심 정보

줄무늬두툽상어는 눈이 고양이 눈과 닮아서 '줄무늬고양이상어'로도 불려.

으드드득!

줄무늬두툽상어 승리!

수염상어를 가차 없이 물어 버리다니. 승부의 세계는 역시 냉혹하군!

벌써 1라운드 절반이 지났어. 다섯 번째 대결을 소개할게. 이번에 나올 선수는 코끝이 까만 검은코상어야. 왜 코끝이 까매졌는지는 아직 아무도 모른대.

기본기 다지기

많은 상어들은 앞으로 계속 헤엄치면서 물을 아가미로 흘려 보내야 숨을 쉴 수 있어.

라운드 1

검은코상어 VS 대서양수염상어

대결 5

과학자들은 예전에 모든 상어가 계속 헤엄쳐야만 숨을 쉴 수 있다고 믿었어. 그러던 어느 날, 가만히 바닥에 누워 꼼짝도 하지 않는 대서양수염상어가 발견됐지! 놀랍게도 대서양수염상어는 입을 열었다 닫았다 하면서 아가미로 물을 퍼 올리며 숨을 쉬고 있었어. 그래서 굳이 헤엄칠 필요 없이, 편하게 누워 있었던 거야.

놀라운 사실!

대서양수염상어는 지느러미로 바다 밑바닥을 걸어 다니기도 해.

느릿느릿 움직이는 대서양수염상어를 향해 검은코상어가 번개처럼 다가갔어. 그러고는 날카로운 이빨을 대서양수염상어의 몸 깊숙이 푹 찔러 넣었지. 으악!

기본기 다지기

바다 위에서 상어를 내려다보면 상어 색과 바다색이 어우러져서 상어가 잘 보이지 않아.

놀라운 사실!

상어의 아래쪽에서 올려다봐도 상어가 잘 보이지 않아. 상어 배는 보통 흰색이고, 바닷속에서 위를 보면 햇빛 때문에 물이 하얗게 보이거든. 그래서 상어가 포식자의 머리 위에서 헤엄쳐도 물과 비슷해 보여서 쉽게 눈에 띄지 않는 거야.

검은코상어 승리!

오늘의 교훈: 빠른 상어는 건드리지 말자!

스피너상어는 아주 독특한 방법으로 사냥해. 물고기 떼를 발견하면 팽이처럼 빙글빙글 돌면서 돌진하는 거야! 이렇게 하면 한꺼번에 물고기 여러 마리를 낚아챌 수 있거든. 때로는 돌다가 그대로 물 밖으로 펄쩍 튀어 오르기도 해. 그러고는 공중에서 빙글 돌고 다시 바닷속으로 풍덩 돌아가.

튀어 오르고, 돌고, 풍덩! 튀어 오르고, 돌고, 풍덩! 마치 묘기를 부리는 것 같아.

라운드 1

스피너상어 VS 주름상어

대결 6

주름상어를 만나 보자. 이 상어는 아가미가 주름을 잡은 물결 모양 장식처럼 생겼어. 그래서 이름이 주름상어지. 이빨은 마치 옥수수 알이 줄줄이 놓여 있는 것 같아. 다른 상어들처럼 몸이 윤이 나고 매끈하지도 않아. 얼굴은 뱀이랑 닮았는걸?

핵심 정보

주름상어는 약 8000만 년 전부터 살아온 고대 상어야.

그 누구도 주름상어에게 물리고 싶지 않을 거야. 이빨이 정말 무섭게 생겼거든. 그럼에도 용감한 스피너상어는 먼저 공격을 시작했어! 물 밖으로 튀어 올랐다가 빙글 돌고, 다시 바닷속에 풍덩 들어오더니 그대로 주름상어를 향해 돌진한 거야!

기본기 다지기

상어는 이빨이 빠지면 안쪽에 있던 이빨이 그 자리로 나와. 이렇게 평생 3만 개의 이빨이 빠지고 새로 나지.

핵심 정보

주름상어는 삼지창처럼 세 갈래로 갈라진 이빨이 300개나 있어. 한 번 물리면 빠져나오기 힘들어.

하지만 주름상어는 전혀 당황하지 않았어. 오히려 달려드는 스피너상어를 향해 입을 활짝 벌렸지. 콱! 한 번 물면 절대 놓지 않는 무시무시한 이빨이 스피너상어를 덮쳤어. 스피너상어는 피를 흘리며 점점 힘을 잃었고, 끝내 쓰러져 버렸단다.

주름상어 승리!

조심해! 강남상어는 턱 힘이 아주 세거든. 앞니는 끝이 뾰족한 못처럼 생겼지. 전 세계 따뜻한 바다에서 만날 수 있대.

핵심 정보

강남상어는 몸통이 가늘고 날씬해서 빠르게 헤엄칠 수 있어.

라운드 1

강남상어 VS 견장상어

대결 7

견장상어는 몸통 양쪽에 테두리가 흰색인 커다란 검은색 점이 있어. 마치 엄청나게 큰 눈처럼 보이기도 해. 견장상어는 에퍼렛샤크로도 불리며, 주로 게나 갯지렁이 등을 잡아먹어.

놀라운 사실!

견장상어는 걷는 상어로도 유명해. 양옆의 지느러미로 바다 밑바닥을 걷거나 기어다니지. 잠깐 동안 물 밖을 걷기도 한대. 우아!

강남상어가 먼저 견장상어를 향해 돌진했어! 견장상어는 피할 틈도 없이 강남상어의 길고 날카로운 앞니에 당하고 말았지. 견장상어는 겁을 잔뜩 먹고 잠시 바다를 떠나 육지로 도망쳤어. 하지만 곧 다시 바다로 돌아가야 해.

핵심 정보

견장상어는 물 밖에서 최대 2시간이나 버틸 수 있대. 대단한걸?

견장상어는 몸통의 커다란 점이 무시무시한 적의 눈처럼 보이길 바라며 다시 바다로 돌아왔어. 하지만 강남상어는 속지 않았어. 망설이지 않고 견장상어에게 사납게 덤벼들었지. 물고, 또 물고, 으득, 으드득! 경기는 그대로 끝났어.

강남상어 승리!

1라운드 마지막 대결의 주인공은 복상어와 은상어야. 복상어는 위험에 처하면 바닷물을 꿀꺽꿀꺽 삼켜서 몸을 부풀려. 이렇게 하면 몸이 훌쩍 커져서 적이 쉽게 덮칠 수 없지. 상대를 당황하게 만드는 아주 영리한 기술이야.

요건 몰랐지?

복어도 몸을 부풀려서 몸집을 더 커 보이게 만들어. 포식자가 봤을 때 큰 물고기는 삼키기 어렵기 때문이야.

라운드 1

복상어 VS 은상어

대결 8

잠깐, 은상어는 이름에 '상어'가 들어가지만 사실은 상어가 아니야! 바다에 사는 물고기인데, 어쩌다 상어들의 대결에 끼어 버린 걸까? 모른 척하고 참가해 보기로 했나 본데……. 만만하게 봤다간 큰코다칠걸!

핵심 정보

은상어는 공룡보다 더 오래전에 살았던 물고기야.

은상어가 겁도 없이 복상어를 향해 헤엄쳐 갔어. 배가 무척 고팠거든. 그런데 이게 무슨 일이야? 갑자기 복상어가 몸을 크게 부풀렸어! 덩치가 두 배는 커진 것처럼 보였지. 은상어는 생각이 많아졌어. 속임수일까, 아니면 복상어는 진짜 위험한 상대일까?

핵심 정보

은상어는 깊이가 1000미터가 넘는 아주 깊은 바다에 살아.

은상어가 우물쭈물하는 사이 복상어가 코앞까지 다가왔어. 은상어는 급히 도망치려 했지만 가늘고 긴 꼬리 때문에 쉽지 않았지. 콱! 복상어가 기회를 놓치지 않고 은상어의 머리를 아주 세게 물었어. 으으으윽. 은상어는 크게 다치고 말았어.

복상어 승리!

자, 이제 2라운드가 시작돼. 남은 상어는 8마리뿐이야. 이 중 최강 상어만이 승리를 거머쥘 거야.

2라운드가 시작됐어! 아마 다들 검목상어를 응원하겠지? 워낙 유명한 이빨을 가지고 있으니까!

핵심 정보

몸집이 작은 검목상어는 무시무시한 백상아리도 뜯어 먹는대. 냠!

라운드 2

검목상어 VS 곱상어

대결 1

곱상어는 강하고 튼튼해. 몸길이는 130센티미터야. 고작 45센티미터밖에 안 되는 검목상어보다 훨씬 크지. 이런, 검목상어가 뜯어 먹기 쉽지 않겠는걸?

핵심 정보

곱상어의 등지느러미에 난 가시에는 독이 있어.

요건 몰랐지?

곱상어는 몸에 지방이 많아서 '기름상어'로도 불려.

아무리 검목상어의 이빨이 남다르다 해도 대결은 전혀 공정해 보이지 않아. 곱상어가 검목상어보다 몸집이 훨씬 크니까! 쿵! 곱상어가 검목상어를 힘껏 들이받았어. 그리고 입을 벌려 검목상어의 몸에 이빨을 푹 꽂아 넣었지.

깜짝 질문

상어의 이빨에는 독이 있을까? 정답은 '없다.'야.
수백만 년 동안 상어 이빨에는 독이 없었어.

이번에는 검목상어가 곱상어의 옆구리를 뜯어 먹지 못했어.

곱상어 승리!

곱상어가 4강전에 올라갔어. 짝짝짝, 곱상어야 축하해!

고깔머리귀상어는 넓은 머리로 바닥을 헤집으면서 작은 새우, 게, 물고기 등을 잡아먹어.

요건 몰랐지?

고깔머리귀상어는 해초도 먹어. 상어가 식물을 먹는 건 아주 드문 일이야. 상어는 고기를 좋아하거든!

라운드 2

고깔머리귀상어 VS 줄무늬두툽상어

대결 2

줄무늬두툽상어도 주로 바닥에서 먹이를 찾지만, 지금은 고깔머리귀상어를 상대해야 해. 도망칠 수도 없지!

고깔머리귀상어가 해초를 먹다 말고, 맛 좋은 고기 냄새를 맡았어. 냄새를 따라가자 그 끝엔 줄무늬두톱상어가 있었어. 고깔머리귀상어는 날카로운 시선으로 상대를 살폈어. 줄무늬두톱상어의 작은 움직임도 놓치지 않았지. 줄무늬두톱상어는 이빨을 드러내며 경고했지만 고깔머리귀상어는 아랑곳하지 않았어.

순간, 고깔머리귀상어가 재빠르게 줄무늬두톱상어의 아가미를 물었어. 으악!

고깔머리귀상어 승리!

검은코상어는 다음 라운드로 올라가고 싶어 해. 하지만 그 앞을 가로막는 상대는 바로 고대 상어인 주름상어야. 검은코상어는 반질반질 윤이 나는 몸을 흔들며 주름상어를 노려봤어.

라운드 2

검은코상어 VS 주름상어

대결 3

주름상어는 결코 만만한 상대가 아니야. 수천만 년을 버텨 온 지구의 강자니까! 엄청나게 강인한 생명력으로 오랜 세월을 이겨 낸 살아남기의 왕인 거야.

핵심 정보

주름상어는 늘 입을 벌리고 있대.

날렵한 몸매를 가진 오늘날의 상어와, 기괴한 모습으로 공룡 시대부터 살아남은 주름상어의 대결! 정말 볼 만하겠는걸?

주름상어는 검은코상어가 방심한 틈을 타서 재빠르게 공격했어. 거대한 입을 활짝 벌리고는 검은코상어의 꼬리를 세게 물었지. 무려 300개나 되는 이빨이 박혔으니, 엄청나게 아팠을 거야!

요건 몰랐지?

전 세계 많은 해변에서 상어 이빨 화석을 쉽게 찾을 수 있어. 오스트레일리아 해변에서는 2500만 년 된 상어의 이빨 화석이 한꺼번에 40개나 발견됐대.

주름상어 승리!

강남상어의 까맣고 커다란 눈 좀 봐. 저렇게 큰 눈으로 상대를 뚫어져라 노려본다고 생각하니 으스스한걸? 지금 이름보다 '올빼미상어'라는 이름이 더 어울려 보여.

라운드 2

강남상어 VS 복상어

대결 4

복상어도 이번 대결에서 꼭 이기고 싶다고 해. 복상어는 사실 아는 사람들이 많지 않아. 깊은 바다에 살아서 사람들이 쉽게 만날 수 없거든. 그러니까 우승자가 된다면 이름을 날리는 좋은 기회가 될 거야.

강남상어가 길고 뾰족한 이빨을 번쩍이며 복상어를 위협했어. 복상어도 가만히 있지 않았어. 몸을 한껏 부풀려 덩치를 크게 만든 거야! 강남상어는 잠시 멈칫했지만, 곧 정신을 차리고 복상어에게 천천히 다가갔어.

이때다! 강남상어가 복상어에게 달려들어서 이빨을 복상어의 몸에 푹 찔러 넣었어. 뻥! 푸쉬쉬쉬. 저런, 바람 빠진 풍선처럼 복상어가 쪼그라들고 말았네.

강남상어 승리!

2라운드가 모두 끝났어. 이제 남은 상어는 4마리뿐이야. 곱상어, 고깔머리귀상어, 주름상어, 그리고 강남상어!

공포의 작은 상어 4강전

보통 토너먼트 경기에서 4강전은 준결승전이라고 부르지. 최강자를 가리는 데 남은 대결은 이제 세 개뿐이야!

곱상어는 만만치 않은 상대야. 적이 위협하면 언제든 지느러미의 독 가시를 세울 준비가 되어 있지.

라운드 3

곱상어 VS 고깔머리귀상어

대결 1

4강전에 올라와 기세등등해진 고깔머리귀상어가 자신만만하게 헤엄쳐 왔어. 그러다 곱상어와 딱 마주쳤지. 그런데 둘 다 성격이 온순해서 제대로 싸울 수 있을지 모르겠다.

그래도 승부를 봐야 하니 두 상어는 서로를 공격하기로 했어. 쾅! 곱상어가 먼저 머리로 고깔머리귀상어의 옆구리를 강하게 들이받았어. 세상에, 고깔머리귀상어의 옆구리에서 붉은 피가 퍼져 나왔어. 하지만 곱상어는 공격을 멈추지 않았지. 쾅! 쾅!

기본기 다지기

상어는 상대가 먹을 만한 먹잇감인지 확인하려고 먼저 몸을 부딪쳐 본대.

고깔머리귀상어는 피해 보려 했지만, 피투성이가 된 채 점점 힘이 빠져 버렸단다.

곱상어 승리!

이제 이빨과 이빨의 대결이야! 깔끔하게 줄지은 수백 개의 이빨과 크고 길고 날카로운 이빨! 두 상어에게 귀여운 구석은 찾아볼 수 없어. 모두 거친 바다에서 살아남은 무시무시한 전사들이지.

라운드 3

주름상어 VS 강남상어

대결 2

만약 관중들이 대결을 지켜본다면 박수치며 큰 소리로 응원하겠지? 주름상어, 싸워라! 강남상어, 싸워라! 와아아아!

강남상어가 주름상어 위쪽으로 헤엄쳤어. 그리고 방향을 틀어서 주름상어 아래쪽으로 스쳐 지나갔지. 강남상어는 또 주름상어를 향해 다가가다가 이내 다시 거리를 벌렸어.

강남상어는 주름상어의 반응을 지켜보고 있는 거야. 결정적인 순간을 노리려고! 강남상어는 그렇게 기회를 엿보다가 주름상어가 잠시 한눈판 사이 몸통 한가운데에 이빨을 꽂았어.

강남상어 승리!

길고 뾰족한 이빨을 가진 상어가 이겼어. 강남상어가 결승전에 진출했어!

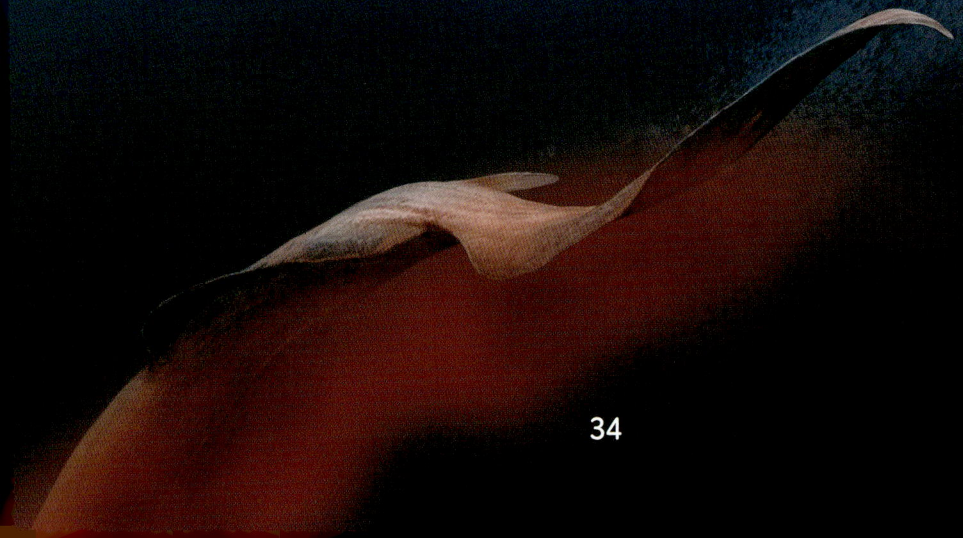

결승 맞대결!

이럴 수가! 결승전이 차가운 바다에서 펼쳐진대. 상어 중에는 따뜻한 바다에서 사는 상어가 있고, 차가운 바다에서 지내는 상어가 있어. 곱상어는 차가운 바다에서 살아.

누구든 무시무시한 이빨을 가진 강남상어가 이긴다고 생각할 거야. 공포의 길쭉한 이빨! 강력한 턱! 하지만 강남상어는 따뜻한 물에 익숙해.

강남상어가 먼저 긴 이빨로 곱상어를 물었어. 하지만 곱상어의 등지느러미에는 가시가 있지. 아야! 강남상어가 움찔하며 몸을 뒤로 뺐어.

차가운 물 때문에 강남상어의 움직임이 점점 둔해져 가. 따뜻한 바다에 익숙한 강남상어에게 너무 불리한 장소지. 하지만 곱상어는 그렇지 않아. 강남상어를 물고 물고 또 물어.

곱상어 최종 승리!

쿵! 강남상어가 쓰러진 순간, 차가운 바다는 다시 깊고 고요한 침묵에 잠겼어. 치열했던 대결은 끝났어. 이곳은 이제 곱상어의 바다야!

칫, 생긴 걸로는 내가
1등 할 수 있었는데…….

WHO WOULD WIN?

누가 이길까?

제리 팔로타 글 · 롭 볼스터 그림 | 송지혜 옮김

최강전

익룡 편

비룡소

익룡 열여섯 마리가 절대 강자를 가리려고 모였어. 규칙은 간단해. 대진표에 따라 일대일로 맞붙는 거야. 패자는 바로 탈락이지. 과연 최후의 승자는 누가 될까?

1라운드

대결 1 · 43쪽

아이로닥틸루스

VS

프테로닥틸루스

대결 2 · 45쪽

디모르포돈

VS

케찰코아틀루스

대결 3 · 47쪽

람포린쿠스

VS

도리그나투스

대결 4 · 49쪽

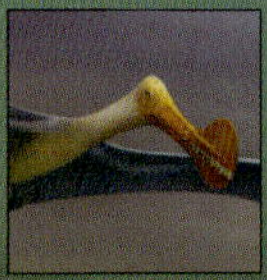

트로페오그나투스

VS

네미콜로프테루스

2라운드

대결 1

59쪽

대결 2

61쪽

3라운드

대결 1

67쪽

3라운드	2라운드	1라운드

대결 5 · 51쪽

프테라노돈

VS

닉토사우루스

대결 3
63쪽

대결 6 · 53쪽

투푹수아라

VS

이스티오닥틸루스

대결 2
69쪽

승

대결 7 · 55쪽

탈라소드로메우스

VS

라오프테릭스

대결 4
65쪽

대결 8 · 57쪽

크리오드라콘

VS

프테로다우스트로

아주 먼 옛날, 공룡이 땅을 지배했다면
하늘을 지배한 건 익룡!
그들 중 가장 강하고 날쌘 익룡은 누구였을까?
하늘의 최강을 가리는 전설이 지금 시작된다!

익룡은 수천만 년 전에 하늘을 날았던 파충류*야. 대부분 두 다리도 있지. 익룡은 척추동물 가운데 가장 먼저 날았어. 세상에서 가장 처음 날았던 생물은 곤충이래.

모두 쉿! 첫 번째 대결이 시작됐어. 첫 번째 대결 선수는 아이로닥틸루스와 프테로닥틸루스야!

기본기 다지기

'척추동물'은 등뼈가 있는 동물을 뜻하는 말이야.

아이로닥틸루스에게도 두 다리가 있어. 하지만 그 발은 먹이를 움켜쥐기에 알맞지 않았지.

라운드 1

아이로닥틸루스 VS 프테로닥틸루스

대결 1

세상에! 프테로닥틸루스가 자신만만해하며 아이로닥틸루스가 사는 곳으로 날아왔어.

핵심 정보

익룡은 공룡도 아니고, 새도 아니야.

***파충류**: 거북이, 개구리처럼 온몸이 비늘로 덮여 있고, 주위의 온도에 따라 체온이 변하는 동물.

아이로닥틸루스는 다가오는 프테로닥틸루스를 보자마자 공기를 가르며 덤볐어. 하지만 프테로닥틸루스는 더 재빨리 몸을 피했지. 슉슉, 마치 바람처럼 가벼웠다니까!

미처 속도를 줄이지 못한 아이로닥틸루스는 결국 균형을 잃고 땅으로 떨어지고 말았단다. 쿵!

핵심 정보

익룡은 뼛속이 비어 있어서 몸무게가 무척 가벼웠어. 그래서 덩치가 커도 하늘을 날 수 있었지.

프테로닥틸루스 승리!

이름 참 발음하기 힘들지? 한번 소리 내서 읽어 봐!

디모르포돈은 중간 크기의 익룡이야. 몸길이가 야구방망이만 하지. 입을 쩍 벌리면 앞쪽에 길고 뾰족한 이빨이, 안쪽에는 작은 이빨이 나 있어. 디모르포돈은 이 이빨로 케찰코아틀루스를 물고 싶대.

핵심 정보

디모르포돈은 '두 가지 모양의 이빨'이라는 뜻이야.

라운드 1

디모르포돈 VS 케찰코아틀루스

대결 2

하지만 케찰코아틀루스는 지구에서 가장 큰 익룡이야. 몸집이 전투기만 하다고! 디모르포돈이 진짜로 물면 "응? 간지럽네?" 하고 끝나는 거 아니야?

핵심 정보

디모르포돈은 몸길이가 최대 1미터, 케찰코아틀루스는 9미터 정도였어.

놀라운 사실!

케찰코아틀루스는 날개를 활짝 폈을 때 길이가 10~15미터나 되었대. 버스만 한 거야. 흐익!

거대한 케찰코아틀루스가 곧장 디모르포돈을 향해 날아들었어. 그러고는 디모르포돈의 날개를 콱 물어 버렸지.

핵심 정보

케찰코아틀루스 역시 뼛속이 비어 있어서 몸집에 비해 몸무게가 가벼웠어. 250킬로그램 정도 나갔대.

디모르포돈은 당황했어.

'어, 어, 내가 물어야 하는데!'

하지만 이미 늦었어. 디모르포돈은 케찰코아틀루스를 한 번 깨물어 보지도 못하고, 한입에 사라져 버렸단다. 크기의 차이는 어쩔 수 없는 걸까?

케찰코아틀루스 승리!

람포린쿠스는 '뾰족한 주둥이'라는 뜻이야. 주둥이가 길쭉하고 날카로운 이빨이 삐죽삐죽 나 있어서 붙은 이름이지. 람포린쿠스는 꼬리도 무척 길고 끝이 납작해. 고생물학자들은 람포린쿠스가 날 때 꼬리로 균형을 잡았을 거라 생각해.

기본기 다지기

'고생물학자'는 화석을 통해 아주 오래전 지구에 살았던 생물들을 연구하는 사람이야.

깜짝 질문

익룡은 날개에 손가락이 있어. 몇 개게? 4개!

라운드 1

람포린쿠스 VS 도리그나투스

대결 3

도리그나투스는 바다 근처에 살며 물고기를 잡아먹었어. 익룡은 수천만 년 전에 살았다며? 그런데 무엇을 먹고 살았는지 어떻게 알 수 있을까? 바로 화석과 같은 단서*를 통해서야.

기본기 다지기

'화석'은 먼 옛날 동물과 식물의 흔적이 땅속에 남아 있는 거야.

*단서: 어떤 사건이나 문제를 해결하는 데 도움을 주는 힌트.

도리그나투스가 물고기를 사냥하느라 정신이 팔려 있을 때, 람포린쿠스가 조용히, 아주 몰래 다가갔어. 그리고 갑자기 도리그나투스에게 달려들어서 몸을 세게 부딪쳤지.

도리그나투스는 휘청이며 균형을 잃고 말았어. 람포린쿠스가 이 기회를 놓칠 리 없어. 날카로운 이빨로 마지막 한 방 세게 물며 마무리를 지었단다.

람포린쿠스 승리!

트로페오그나투스의 주둥이는 정말 특별해! 위턱과 아래턱이 불룩 튀어나와서 주둥이에 언덕이 있는 것 같지. 게다가 덩치도 어마어마해. 두 날개를 쫙 펼치면 길이가 8미터가 넘어! 하늘을 나는 괴물 같지?

라운드 1

트로페오그나투스 VS 네미콜로프테루스

대결 4

네미콜로프테루스는 지금까지 발견된 익룡 중에 가장 작아. 사람 손바닥에 쏙 올려놓을 수 있을 정도야. 아마 자기보다 작은 곤충이나 벌레를 잡아먹으면서 살았겠지?

핵심 정보

네미콜로프테루스는 이빨이 없었어.

그런데 말이야. 이번 대결, 뭔가 좀 불공평한데? 이빨도 없는 꼬마 익룡이 거대 익룡의 상대가 되겠냐고!

승부가 생각보다 금방 끝날 것 같아. 트로페오그나투스가 무시무시한 날개를 퍼덕이며 네미콜로프테루스의 위로 날아올랐어. 네미콜로프테루스는 휙휙 재빠르게 피해 보려고 했지. 하지만 소용없었어. 트로페오그나투스가 주둥이를 쭉 내밀더니 네미콜로프테루스를 한입에 꿀꺽 삼켜 버렸지 뭐야.

핵심 정보

에계, 네미콜로프테루스는 날개를 쫙 펼쳤을 때 길이가 25센티미터밖에 안 된대.

놀라운 사실!

트로페오그나투스의 머리뼈 길이는 67센티미터 정도 돼. 네미콜로프테루스가 날개를 활짝 펴도 트로페오그나투스 머리보다 한참 작지.

트로페오그나투스 승리!

익룡이 어떤 먹이를 좋아했는지는 정확히 알 수 없어. 만약 트로페오그나투스가 오늘날 살고 있다면, 하늘에서 슈욱 내려와 우릴 낚아채 갈지도 몰라. 아이코!

프테라노돈은 머리가 엄청 길어. 머리 위에는 볏이 멋지게 솟아 있는데, 길이가 머리의 절반 가까이 되지. 프테라노돈은 하늘을 날 때 이 볏으로 방향과 균형을 잡았어.

기본기 다지기

'볏'은 동물의 머리 위, 주로 눈 사이에 붙어 있는 부분이야. 익룡마다 자기만의 특별한 볏이 있었어.

라운드 1

프테라노돈 VS 닉토사우루스

대결 5

닉토사우루스를 보면 더 놀랄걸? 닉토사우루스의 머리에는 정말 특별한 볏이 있어. 마치 헬리콥터의 프로펠러 같아! 아마 세상에서 가장 독특하게 생긴 머리일걸?

깜짝 질문

닉토사우루스의 볏은 왜 이렇게 긴 걸까? 아직 고생물학자들도 밝혀내지 못했대. 그러니 마음껏 상상해 봐!

프테라노돈이 높이 날아올라 닉토사우루스의 거대한 볏을 콱 물었어. 하지만 닉토사우루스는 끄떡도 하지 않았지. 프테라노돈은 그래도 절대 포기하지 않았어. 오히려 더 악착같이 물고 늘어졌어.

핵심 정보

닉토사우루스는 몸길이가 약 37센티미터, 볏 길이가 약 55센티미터야. 몸보다 볏이 더 길지.

시간이 흐르면서 점점 지쳐 가는 건 닉토사우루스였어. 더는 버틸 수 없던 닉토사우루스는 숨을 고르려고 땅으로 내려가려 했어. 그 순간, 프테라노돈이 총알같이 날아들어 닉토사우루스를 꿀꺽 삼켜 버렸어!

프테라노돈 승리!

투푹수아라는 이빨이 없는 익룡이야.

놀라운 사실!

익룡은 2억 5200만 년 전부터 6600만 년 전까지 살았어. 1억 6000만 년이 넘는 시간 동안 하늘을 누볐지.

라운드 1

투푹수아라 VS 이스티오닥틸루스

대결 6

이스티오닥틸루스의 주둥이는 오리너구리 것처럼 넓적하게 생겼어. 그래서 처음에 고생물학자들은 이스티오닥틸루스가 오리너구리같이 물고기를 잡아먹었다고 생각했어. 나중에는 물에서 먹이를 걸러 먹었을 거라고도 했지. 하지만 둘 다 아니야! 최근 연구에 따르면 이스티오닥틸루스는 죽은 동물을 찾아 먹으며 살았을 거라고 해.

핵심 정보

이스티오닥틸루스의 입안에는 면도날처럼 날카로운 세모 모양의 이빨 48개가 촘촘히 나 있어.

투푹수아라는 날카로운 볏을 내리치며 이스티오닥틸루스를 사정없이 공격했어. 이스티오닥틸루스는 몸 여기저기를 긁혀 상처를 입고 말았지.

하지만 이스티오닥틸루스는 물러서지 않았어. 순식간에 투푹수아라를 덮치고는 땅으로 강하게 내리꽂은 거야! 투푹수아라는 땅바닥에 처박혔어. 한쪽 날개뼈가 부러지고 다리도 뒤틀린 채 말이야.

핵심 정보

익룡은 두 눈이 각각 다른 방향을 볼 수 있어.

저 멀리서 바닥에 쓰러진 투푹수아라를 향해 불길한 그림자가 다가와. 이런, 무시무시한 공룡 벨로키랍토르야. 투푹수아라는 곧 굶주린 벨로키랍토르의 먹잇감이 되겠어.

이스티오닥틸루스 승리!

탈라소드로메우스는 머리가 어마어마하게 커! 거대한 부메랑 같은 볏 때문이기도 해. 이름은 '바다의 달리기꾼'이라는 뜻이야. 고생물학자들이 탈라소드로메우스가 바닷가를 종종걸음으로 달리며 사냥했을 거라고 상상하면서 붙인 이름이래.

라운드 1

탈라소드로메우스 VS 라오프테릭스

대결 7

라오프테릭스의 화석은 매우 드물어. 이 익룡의 화석이 처음 발견됐을 때, 고생물학자들은 새의 화석이라고 생각했어. 하지만 이후에 공룡일지도 모르겠다고 생각을 바꾸었지. 그리고 수많은 연구 끝에 마침내 익룡이었다는 걸 알아냈어.

놀라운 사실

지금까지 발견된 라오프테릭스의 화석은 머리뼈 뒷부분 화석뿐이야.

탈라소드로메우스의 날개폭은 4.5미터나 돼. 라오프테릭스보다 훨씬 크지. 이번 대결은 딱 봐도 라오프테릭스에게 불리한 싸움이야.

기본기 다지기

'날개폭'은 익룡이나 새가 날개를 활짝 폈을 때, 한쪽 날개 끝에서 몸통을 지나 다른 쪽 날개 끝까지의 길이를 말해.

라오프테릭스는 날쌔게 날아 도망치려 했어. 하지만 탈라소드로메우스는 커다란 날개로 하늘을 가리며 무섭게 따라붙었지. 결국 라오프테릭스는 지쳐 버렸고, 탈라소드로메우스의 박치기 한 방에 나가떨어지고 말았어. 안됐구나, 라오프테릭스!

탈라소드로메우스 승리!

크리오드라콘은 날개폭이 약 10미터야. 정말 거대한 생물체지. 오늘날 지구에 사는 그 어떤 새보다 큰 거야.

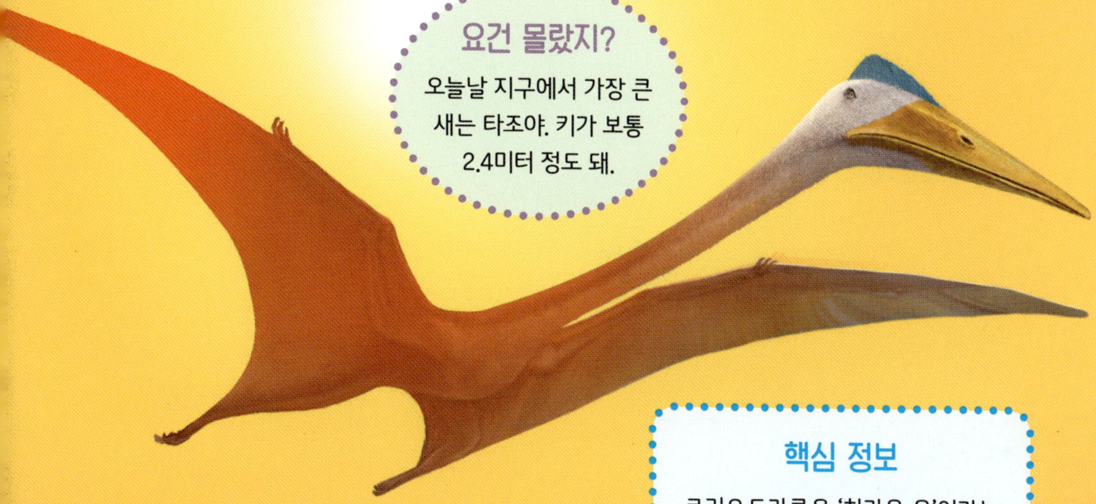

요건 몰랐지?

오늘날 지구에서 가장 큰 새는 타조야. 키가 보통 2.4미터 정도 돼.

핵심 정보

크리오드라콘은 '차가운 용'이라는 뜻이야. 화석이 추운 캐나다에서 발견돼서 붙은 이름이지.

라운드 1

크리오드라콘 VS 프테로다우스트로

대결 8

프테로다우스트로는 몸집이 크리오드라콘의 절반도 안 돼. 둥근 아래턱에는 뻣뻣한 털 같은 이빨이 500개나 있지. 이렇게 생긴 이빨은 크릴새우나 플랑크톤처럼 물에 사는 아주 작은 생물을 걸러 먹기에 딱 좋았어. 어쩌면 특이하게 생긴 주둥이로 물속 작은 생물들을 한꺼번에 많이 잡아먹었을지도 몰라!

크리오드라콘에 비하면 프테로다우스트로는 작은 새처럼 보여. 크리오드라콘이 천천히, 프테로다우스트로의 주위를 빙빙 돌아. 한 바퀴, 두 바퀴……. 돌고 또 돌면서 프테로다우스트로를 궁지에 몰아넣지. 이빨로 공격해 보라고? 프테로다우스트로의 수많은 이빨은 거대한 익룡과의 전투에서는 아무런 도움이 되지 않아.

핵심 정보

프테로다우스트로는 '남쪽 날개'라는 뜻이야. 화석이 남아메리카에서 발견되어서 붙은 이름이란다.

부웅! 크리오드라콘이 마침내 프테로다우스트로에게 날아들었어. 프테로다우스트로의 운명은 이미 결정된 셈이야.

크리오드라콘 승리!

이제 2라운드가 시작될 거야. 남은 익룡은 8마리뿐이지. 이들이 치를 경기를 '8강전'이라고 불러.

프테로닥틸루스가 어떤 색이었는지는 아무도 몰라. 우리는 화석을 통해서만 익룡을 알 수 있거든. 오늘날 지구에는 다양한 색깔을 가진 새, 물고기, 뱀, 나비, 게, 꽃들이 살아. 아마 익룡도 그렇지 않았을까? 여기 프테로닥틸루스의 화석이 있어.

핵심 정보

2008년, 익룡에게 여러 색깔의 깃털이 있었을 거라는 연구 결과가 세상에 알려졌어.

라운드 2 프테로닥틸루스 VS 케찰코아틀루스 대결 1

오늘날 우리들은 익룡의 모습을 상상해서 그리지만, 고생물학자들은 익룡이 어떤 모습이었는지 알려 주는 흔적을 찾아다녀. 이건 케찰코아틀루스의 화석이야.

자자, 화석 구경은 그만하고 다시 대결 현장으로 돌아가 보자. 이번 싸움은 결과가 뻔해. 왜냐고? 프테로닥틸루스의 몸집이 겨우 케찰코아틀루스의 머리만 하거든! 케찰코아틀루스가 하늘로 훌쩍 날아오르더니 프테로닥틸루스를 꿀꺽 먹어 치워 버렸어.

핵심 정보

프테로닥틸루스는 몸길이가 17센티미터인 것부터 2미터 가까이 되는 것까지 다양했어. 그래도 케찰코아틀루스에 비하면 한참 작았지.

케찰코아틀루스 승리!

람포린쿠스는 긴 주둥이와 날카로운 이빨로 물고기를 잡아먹으며 살았어.

핵심 정보

람포린쿠스는 바닷가 주변의 절벽에 둥지를 만들고 새끼를 키웠어.

라운드 2

람포린쿠스 VS 트로페오그나투스

대결 2

트로페오그나투스도 날카로운 이빨이 있었어. 이빨 끝이 갈고리처럼 휘어 있어서 미끄러운 물고기를 쉽게 바다에서 건져 올렸지.

핵심 정보

트로페오그나투스 화석은 브라질에서 처음 발견되었어!

물고기 사냥꾼들의 한판 승부가 시작됐어! 트로페오그나투스는 곧장 람포린쿠스에게 달려들고는 위아래로 사정없이 물어뜯었지.

기본기 다지기

물고기를 비롯해서 다른 동물을 잡아먹는 동물을 '육식 동물'이라고 해.

기본기 다지기

식물이든 물고기든 다른 동물이든 다 먹는 동물을 '잡식 동물'이라고 하지.

람포린쿠스는 계속되는 공격에 정신을 못 차리고 허둥댔어. 바로 그때 트로페오그나투스가 공포의 주둥이를 쩍 벌리더니 람포린쿠스를 집어삼켰어. 꽥!

요건 몰랐지?

우리 인간은 잡식 동물이야!

트로페오그나투스 승리!

익룡의 날개는 비막으로 이루어져 있어. 프테라노돈의 비막이 얼마나 두꺼웠는지, 어떤 색이었는지는 아무도 몰라. 어쩌면 하늘이 다 비칠 만큼 투명했을지도 모르지.

기본기 다지기

'비막'은 박쥐나 하늘다람쥐 같은 동물의 날개를 이루는 피부로 된 막이야.

라운드 2

프테라노돈 VS 이스티오닥틸루스

대결 3

이스티오닥틸루스의 비막은 무슨 색이었을까?

요건 몰랐지?

잠자리나 벌 같은 몇몇 곤충은 날개가 유리처럼 투명해.

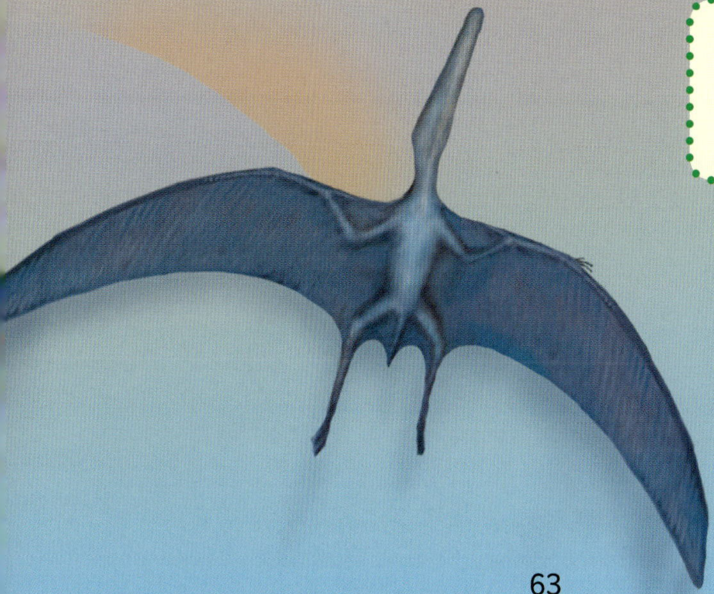

대결이 시작됐어! 이스티오닥틸루스가 먼저 프테라노돈 뒤로 바짝 붙어 날면서 공격 기회를 노렸지. 프테라노돈은 벗어나려고 날개를 있는 힘껏 퍼덕였어.

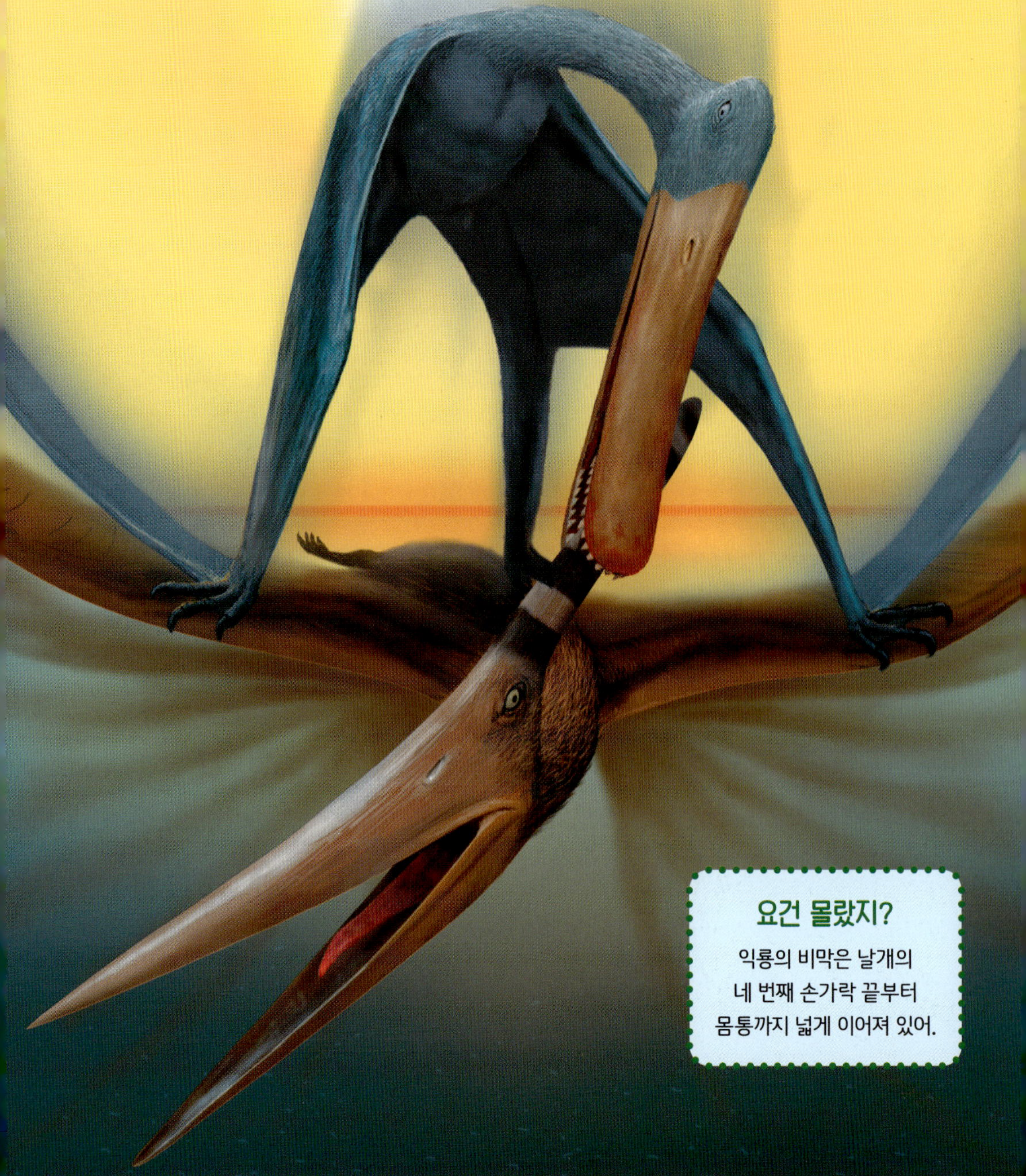

요건 몰랐지?

익룡의 비막은 날개의 네 번째 손가락 끝부터 몸통까지 넓게 이어져 있어.

이스티오닥틸루스는 쉽게 물러나지 않았어. 기어코 프테라노돈을 따라잡고는 날개 위로 올라탔지. 저런, 프테라노돈은 균형을 잃고, 땅으로 곤두박질치고 말았어.

이스티오닥틸루스 승리!

인간과 익룡은 서로 한 번도 만난 적이 없어. 이 두 생명체는 6600만 년이라는 긴 시간을 사이에 두고 살아갔지.

라운드 2

탈라소드로메우스 VS 크리오드라콘

대결 4

4강전에 올라갈 익룡이 결정될 2라운드 마지막 대결이야. 탈라소드로메우스도 강하지만, 거대한 크리오드라콘과 싸우는 건 피하는 게 좋을 거야. 물론 우리는 이 둘의 대결이 궁금하지만 말이야. 탈라소드로메우스는 이렇게 거대하고 굶주린 익룡은 본 적이 없어.

탈라소드로메우스가 날개를 쫙 펼치고 힘차게 날아올랐어. 하지만 크리오드라콘이 더 빠르게 뒤쫓아 왔지! 이번엔 탈라소드로메우스가 날카로운 울음소리로 위협했지만, 크리오드라콘은 그보다 더 크고 우렁찬 소리로 하늘을 울렸어.

끈질긴 추격 끝에 크리오드라콘이 탈라소드로메우스를 따라잡았어. 크리오드라콘은 이빨로 탈라소드로메우스의 날개를 거칠게 물어서 단번에 찢어 버렸단다.

크리오드라콘 승리!

이제 4강전이 시작될 거야! 케찰코아틀루스, 트로페오그나투스, 이스티오닥틸루스, 크리오드라콘, 이렇게 네 마리의 익룡만 남았어.

최강 익룡 4강전

3라운드는 두 경기뿐이야. 바로 준결승전이지! 익룡이 얼마나 높이 날 수 있었는지는 알 수 없어. 우리는 익룡을 본 적도 없고, 익룡이 우리한테 알려 준 적도 없거든.

핵심 정보

'케찰코아틀루스'는 땅에 사는 동물들을 잡아먹었어.
어쩌면 사냥감을 두고 티라노사우루스와 싸웠을지도 몰라!

라운드 3

케찰코아틀루스 VS 트로페오그나투스

대결 1

한번 상상해 봐. 익룡은 나무 꼭대기까지 날았을까? 어쩌면 비행기만큼 높이 날았을 수도 있어. 그럼 바다 위를 나는 걸 좋아했을까, 땅 위에서 비행하는 걸 더 즐겼을까?

트로페오그나투스가 깊은 계곡을 내려다보며 바위 끝에 우뚝 서 있어. 멀리 떨어진 절벽 위에는 케찰코아틀루스가 날카로운 눈빛으로 그 모습을 지켜보고 있지. 둘은 서로를 노려보다가 마침내 하늘로 힘차게 날아올랐어!

핵심 정보

고생물학자들은 트로페오그나투스와 케찰코아틀루스 둘 다 높은 곳에서 바람을 타고 하늘로 날아올랐을 거라고 생각해.

둘의 거리가 가까워지자 트로페오그나투스는 싸움 상대가 거대한 케찰코아틀루스라는 사실을 깨닫고 두려움에 빠져 버렸어. 케찰코아틀루스는 트로페오그나투스보다 훨씬 크고, 싸움도 훨씬 더 잘하지! 트로페오그나투스가 공포에 질려 얼어 버린 사이, 케찰코아틀루스가 몸을 쿵 부딪쳤고 트로페오그나투스는 그대로 추락하고 말았어.

케찰코아틀루스 승리!

자, 이제 결승전이야! 가 보자고!

어떤 익룡이 가장 빠르게 날았는지 아무도 몰라. 가장 크다고 언제나 가장 빠른 건 아니거든. 그러니까 거대한 크리오드라콘이 더 빨랐을지, 크리오드라콘 몸집의 절반만 한 이스티오닥틸루스가 더 빨랐을지는 그 누구도 모르는 거야.

핵심 정보

이스티오닥틸루스의 날개폭은 4.3~5미터 정도야.

놀라운 사실!

오늘날 가장 높이 나는 새는 루펠독수리야. 해발* 11,300미터까지 날 수 있대.

*해발: 바닷물의 표면을 기준으로 잰 어떤 곳의 높이.

라운드 3 이스티오닥틸루스 VS 크리오드라콘 대결 2

이스티오닥틸루스가 날아가던 중 크리오드라콘을 흘끗 쳐다봤어. 거대한 몸집에 흠칫 놀랐지만 별로 신경 쓰지 않는 듯, 아무렇지 않게 다시 가던 길을 갔지.

그런데 크리오드라콘이 갑자기 방향을 바꾸더니 거대한 날개를 퍼덕이며 이스티오닥틸루스를 향해 돌진했어! 결투의 시간이야! 과연 누가 결승전에 올라 케찰코아틀루스와 맞붙게 될까?

커다란 그림자가 이스티오닥틸루스를 덮쳤어. 이스티오닥틸루스는 날개가 뻣뻣해졌어. 생각보다 더 엄청난 덩치에 싸울 의지가 순식간에 사라진 거야. 크리오드라콘은 기회를 놓치지 않고, 이스티오닥틸루스를 사정없이 물어 댔어. 결국 이스티오닥틸루스는 더 이상 날 수 없게 되었어.

크리오드라콘 승리!

이제 결승전으로 가자!

결승 맞대결!

익룡 팬들이 꿈에 그리던 대결이 마침내 펼쳐질 거야! 케찰코아틀루스와 크리오드라콘, 둘 다 덩치가 엄청난 익룡이니까.

경기는 하늘에서 시작되었어. 두 익룡은 강한 바람을 타고 힘차게 날아오르더니 거칠게 서로 부리를 부딪쳤어. 격렬한 싸움에 날개도 여러 번 뒤엉켰지.

물론 언젠가는 이들보다 더 큰 익룡의 화석이 발견될지도 몰라. 하지만 지금은 그런 건 잊자. 이 두 거대한 익룡이 싸우게 놔두자고!

전투 장소가 하늘에서 땅으로 옮겨 갔어. 케찰코아틀루스는 땅에 두 다리를 딛고는 날아오를 것처럼 날개를 퍼덕이다가 크리오드라콘에게 달려들었어! 그리고 순식간에 크리오드라콘의 한쪽 날개를 부러트려 버렸지. 두둑!

케찰코아틀루스 최종 승리!

이렇게 마지막 싸움이 끝났어. 모든 싸움을 이기고, 마침내 최강의 자리에 오른 건 바로 케찰코아틀루스야. 하늘은 여전히 높았고, 케찰코아틀루스는 그 무엇보다 위대한 날개를 펼치며 승리의 기쁨을 마음껏 느꼈어.

콩알만 한 애송이들.
누구든 덤벼 보시지!

지은이 **제리 팔로타**
미국 매사추세츠주 페가티 비치에서 72명의 사촌들과 함께 어린 시절을 보냈다.
어른이 되어서는 30년 넘게 어린이책 작가로 활동하며, 90권 이상의 책을 썼다.
쓴 책 중에 「누가 이길까?(Who Would Win?)」 시리즈를 가장 좋아한다.

그린이 **롭 볼스터**
풍경과 사물을 매우 사실적으로 그리는 예술가이자 전문 일러스트레이터.
미국 로드아일랜드 디자인스쿨을 졸업하고 20년 넘게 일러스트레이터로 일하고 있다.
지금은 미국 매사추세츠주 보스턴 근처에서 유화를 그리며 지낸다.

옮긴이 **송지혜**
대학에서 분자생물학을 전공하고, 과학언론학으로 석사 학위를 받았다.
제1회 책읽는곰 어린이책 공모전에서 교양 부문 대상을 수상했다.
『상상해 봐, 공룡!』, 『매직 엘리베이터 8: 바다』 등을 쓰고,
『알기 쉬운 원소 도감』, 『똑똑한 두뇌 게임 체스 왕』 등을 옮겼다.

사진 저작권
Photos ©: cover top right: backUP/ Shutterstock; 3 center right: backUP/ Shutterstock; 4-5 background: derich/Freepik; 4-5 center: Dmytro Volkov/ Shutterstock, backUp/ Shutterstock; 6 center: Dmytro Volkov/ Shutterstock, backUp/ Shutterstock; 40-41 center: Dmytro Volkov/ Shutterstock, backUp/ Shutterstock; 42 center: Dmytro Volkov/ Shutterstock, backUp/ Shutterstock

WHO WOULD WIN?

누가 이길까?

최강전

공포의 작은 상어 편

또 하나의 대결 익룡 편

1판 1쇄 찍음 - 2025년 3월 20일, 1판 1쇄 펴냄 - 2025년 3월 31일
글쓴이 제리 팔로타 **그린이** 롭 볼스터 **옮긴이** 송지혜 **펴낸이** 박상희 **편집장** 전지선 **편집** 이혜진 **디자인** 조수정
펴낸곳 (주) 비룡소 **출판등록** 1994. 3. 17.(제16-849호) **주소** 06027 서울시 강남구 도산대로1길 62 강남출판문화센터 4층
전화 02)515-2000 **팩스** 02)515-2007 **홈페이지** www.bir.co.kr
제품명 어린이용 각양장 도서 **제조자명** (주) 비룡소 **제조국명** 대한민국 **사용연령** 3세 이상

ISBN 978-89-491-3311-9 74400 / 978-89-491-3300-3(세트)